柴犬ゴンはおじいちゃん

影山直美

メディアファクトリー

ゴン、14歳
柴犬
オス

人間で言うと
70歳代半ばのおじいちゃん

体は元気だけれど、
最近ボーッとしていることが
多くなりました。
ぐっすり眠り込んで、
私が呼んでも
起きないこともある。
ちょっと心配…。

なに見てるんだろう
外、真っ暗なのに…

私たち家族は、湘南の海岸に近いところで暮らしています。

夫 48歳
サラリーマン
子供の頃は犬を飼っていた

私 48歳
イラストレーター
犬と暮らすのは
ゴンが初めて

ゴン

柴犬　オス　14歳
のんびり屋で明るい性格

テツ 柴犬　オス　6歳

家の中では、いばりん坊
外ではビビリ屋

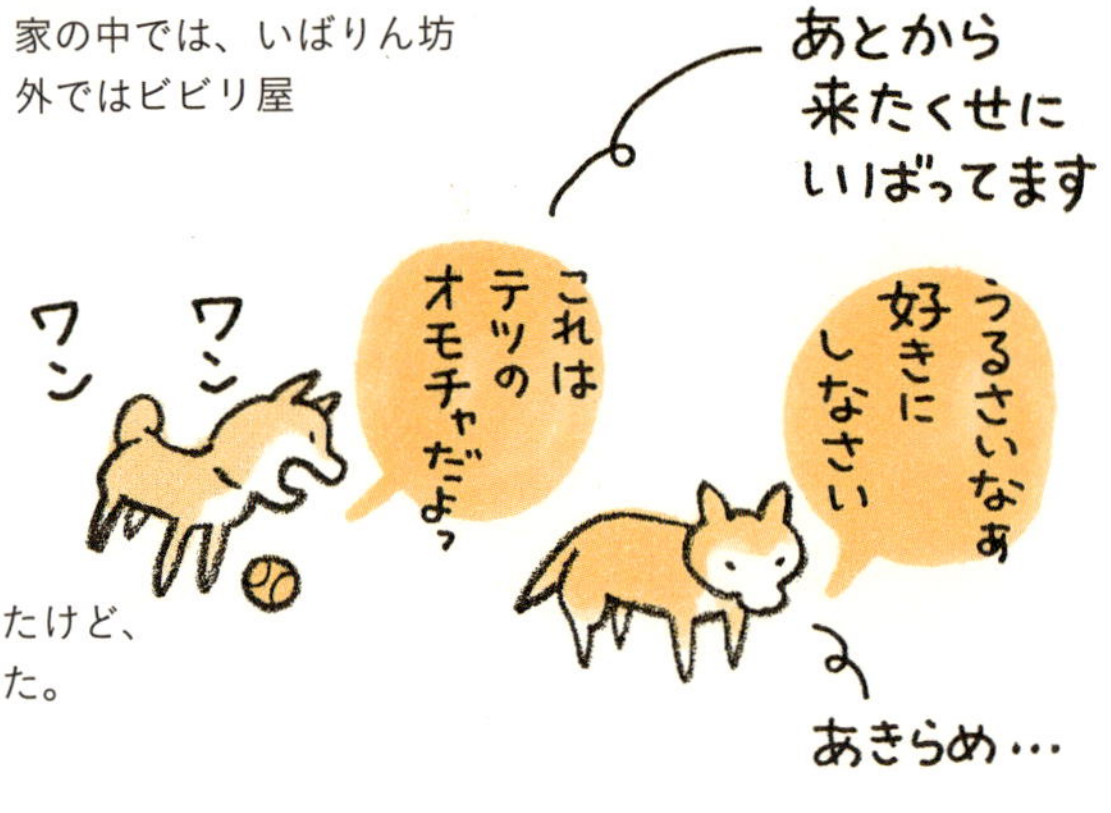

ゴンとテツ、
ケンカした時期もあったけど、
今は落ち着いてきました。

ふだんは元気なゴンだけど、
たまに老いを感じて
ドキッとさせられる。
ゴンと私たち家族、
これからどんな
おじいちゃんライフを
一緒に過ごしていくのかな。

3章　ゴンもかつては若かった
～子犬時代編～

4章　ゴンは強いコなんだ

5章　我が家の営業部長はりきる

1章

ふてぶてしくなられました

いつからだろう。

やけに態度が…わがまま？　いいえ、それだけじゃない。

そう、ふてぶてしくなってきたんです。

まるで世帯主のような顔をして。

1

うとうと…あったかい時間

窓際のいつもの場所で、ゴンがくつろいでいます。眠そうな顔。そのうち、ユラッユラッと舟をこぎだしました。いっそのこと横になってしまえばいいのに、なぜ起きているフリをするんだろう。それがいつも不思議で。

それにしても、こうして日なたにいるゴンは好々爺《こうこうや》という言葉がピッタリです。私も横に座って、渋い日本茶と栗羊かんで一服したいなぁ。そして眠くなったら、そのときは無理しないで寝てしまおう。日なたにいるゴンを見ているだけで、なんだかホッとするのです。

我が家流　犬の布団の干し方

1 時間帯によって干す場所を変える。

常に日光にあてるべし。

2 日が高いうちにとりこむ。

パンパン
夕方の冷気にあてるべからず。

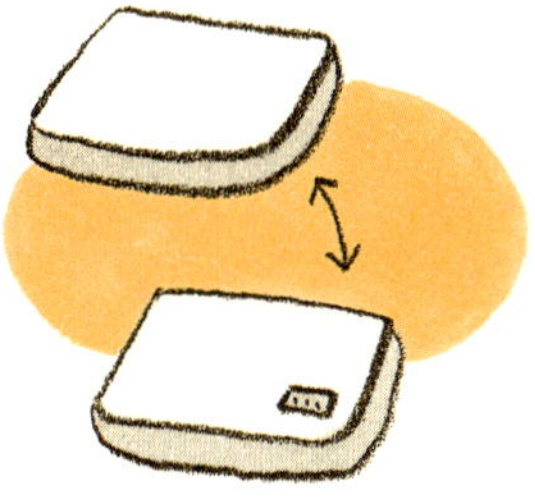

3 裏・表両方を日にあてること。

ふかっ
よかった♪

ちなみに、人間用の布団はここまでしません…。

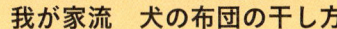

2

わ・ざ・と　part1

私が通っている版画の教室にも、ゴンより年下の老犬がいます。オスのミックス犬で、8歳。先日、私が1階の工房にいると上でワン！　ワン！と吠える声が。先生が苦笑いしつつおっしゃいました。

「最近、何かとアピールするようになってきちゃったんですよ〜」。あ、わかります、うちも！と、そこで飼い主同士のチクリ合戦が始まりました。何かしてほしいときに、以前は吠えなかったのに吠えてアピールする。あるある！　飼い主の足をわざと踏んづけて通る。あるある…で、2人声をそろえて「なんなんですかねー、あれは！」。どこの家も、似たような感じなのかな!?

一家の中で、ゴンが一番貫禄あるかも!?

2

わ・ざ・と　part2

ゴンが、自分の存在をあからさまにアピールするようになってきたのはたしかです。私が床に手などついて座っていれば、絶対に手を踏んづけて通っていきます。わざとです。版画の先生もおっしゃいます。散歩から帰って家に入るときに、わざわざ人の足の上を歩いていきますから、って。そう、横にたっぷりスペースがあるのに狭いフリをする。全く、こしゃくな真似をするようになったものです。今日も私は足をググッと踏まれました。「ちょっと、ひどいよゴンちゃん！」って言ったけど、へんくつじいさんは素知らぬ顔です。

ゴンの「わざと」

信号待ちの間、
足を踏む。

スペースが狭い
ふりをして踏む。

飼い主の食事中に
かぎって、オモチャを
とってほしくなる。

3

知らんぷりの術

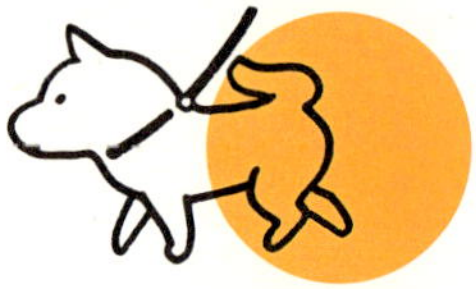

ゴンとのんびり散歩していると、近所のおじさんが話しかけてきました。ゴンもよく知っている人です。「おい、おーいっ」。ゴンは呼ばれているのに知らんぷり。私はおじさんに申しわけなくて「最近、耳が遠くなっちゃったみたいで…」と言いわけ。でも私はわかっています。ゴンはわざと聞こえないフリをしているんです。面倒くさいのか、最近はこの知らんぷりの術をよく使うんです。

ゴンのこういうところ、実はけっこう好きなんですよ。おもしろいですからね。でもおじさんが去った後、私はわざとゴンに言いました。「ゴンちゃん、今の聞こえてたよね。おじさん行っちゃったよ、かわいそ〜。あーあ」。ゴンはチラと私を見ました。

ゴン流　飼い主の活用術

ゴンちゃん元気？
プイ
すみません…どうも耳が遠くなっちゃって…
あら〜そうなの
チラ
なんか、私が言いわけするのをていよく利用してる気がする…。
こいつめっ

4

弟分のテツに甘えて

かつてはケンカし、ときには取っ組み合いにまでなったゴンとテツ。今ではなんとか折り合いをつけて暮らしています。それどころか、最近ではゴンがテツに向かって甘えた声を出しているのです。「アオン、アオ〜ン」とか「メエェ」（ヒツジか⁉）。なんて言ってるんだろう。すごく気になる。通訳がほしい。

一方、甘えられたテツの方はというと…。生意気にも聞こえないふり。慣れないことに戸惑っているのかもしれません。ときどき、救いを求めるような目で私を見ます。「ほらほら、ゴンちゃんと遊んであげなよ〜」。そう言ってテツをからかっている私です。

気になる音に注目。

テツが ひとりで庭にいると、
ゴンは気になるらしい。
ずっとテツのことを
見ています。

それを知ってか 知らずか？
テツのほうは、のんきに
日なたぼっこ。
風の匂いなどかいだりして。

2
章

いつの間にかシニア世代に

シニアって言われてもピンとこないなぁ。

だってゴンはこんなに元気でかわいいのに！

ゴンの体はちょっとずつ変化しているのかも。

今から7年前のお話です。

1

ゴンのヒゲ、どうしたの？

今から7年ほど前、ゴンが7歳になったある晩のことです。私はゴンの顔を見てドキッとしました。あれっ？　黒いヒゲがなくなってる。今朝見たときはあったのに！　そう、最後の黒ヒゲ一本がいつ抜けるのか気が気じゃなかった私は、このところ毎日チェックしていたのです。つ、ついに抜けたか…。これで全部白ヒゲになりました。

　そう、犬も人間と同じなんですね。歳を取るとヒゲや毛が白くなるんです。あら～、なんか淋しいもんだわ…。そこでハッと我に返った私、急いでゴンの寝床を調べると落ちていました、最後の黒ヒゲ。しばし眺めてから夫に見せると、アララと言ったけど、それだけでした。

じっ…
ゴンの
ヒゲ観察が
私の日課。

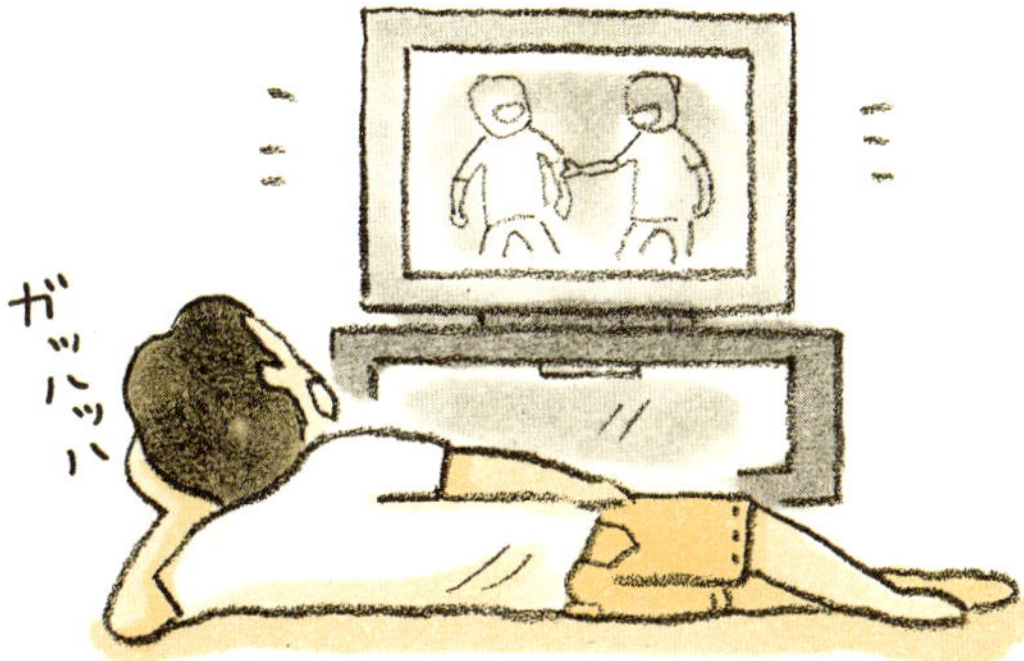

ゴンの最後の黒ヒゲに
サヨウナラ…。
でも感傷にひたって
いるのは私だけ。

2

「シニア犬」という言葉

シニア

犬の7歳と言えば、そろそろシニア世代です（人間で言うと40代半ば）。でもゴンの場合、毛色が白くなってきた他はとくに年齢を感じさせるところがなく、シニアと言われてもピンときません。

それでもゴンが5歳くらいのときから、ドッグフード売り場ではチラチラと「シニア用」という文字が目に入ってはいました。でも、それはまだまだ先のことだと思っていたのになぁ。シニア用ドッグフードについての知識もなく、なんとなく「カロリーが低め？」くらいに思っていました。初めてシニア用を買ったときは、ちょっとだけ淋しい気持ちになったのでした。

成犬用
14歳以上
11歳以上
7歳以上
最近は「シニア」も細かく
分類されるようになってきた。
粒の大きさと
形もいろいろ…

シニア用は骨や関節に良い成分とかDHAなども入っていたりして、老犬の体づくりが考えられています。

14歳のゴン。毛色はさらに白くなり、
歯の先も丸くなった。

3

シニア犬についてのお勉強

よく晴れた秋の日。ゴンが庭に浅い穴を掘って寝ています。暑くなると日陰に移動し、冷えるとまた日なたへ。こうして体温調節をしながら、まるで仕事のように日なたを渡り歩くのは若い頃と同じ。ときどき、動くのが面倒なのかうっかり日なたで熱くなっていることがあり、ビックリさせられる…。その度にゴンの野生を疑ったものですが、そこは若さもあってか、大丈夫なようでした。

でも最近は以前より感覚が鈍くなっているみたいだし、暑さには確実に弱くなってる。歳のせいだろうと思います。他にも体の変化が現れてくる頃です。少し勉強しなくちゃと、私はシニア犬のお世話の本を買ってきました。

シニア犬について書かれたことで
最初に「へぇー」と思ったこと

シニア犬のための

暑さ寒さに弱くなる

暑さにはすでに弱い…

足腰が弱る

ナルホド
さっそくやろう
頭を下げてご飯を食べるのがつらくなるので、器を台の上に置いてあげましょう。

トイレが近くなる

むーう…
自力で排泄できなくなったら、オムツも…。

そして「認知症」という言葉が出ていて
ドキッとしました。
ゴンも、そうなるんだろうか…。

4

同世代なのです

健康診断

そういえば。私も40代に入ってから、めっきり暑さに弱くなったな。疲れが翌日に残ることも多いし、悲しいかなお酒にも弱くなった。ゴンは人間で言うと40代半ばだから、私たち夫婦とは同世代。そう考えるとゴンの体のことも想像がつく…。あまりはしゃぎすぎると、後でツケが回ってくるお年頃なわけです。

「ゴンさん、お腹が出てきたんじゃないですかぁ?」「それはお互いさまだよ」なんて。やれやれ、ゴンと同級生トークをする日が来るとはね。

ゴンとテツの誕生日には、それぞれの全身写真を撮ることにしています。
お腹がくびれていて筋肉質。5歳頃のゴン。
ゴンが若い頃は飼い主も若かった(苦笑)。

影もやっぱりゴン体形。

5

ゴンとならどこまでも歩ける

犬と暮らしていなかったら、私はたいして運動もせず家にこもりきりだろうと思う。ゴンが来る前は、運動しなさすぎで腰痛になったくらいです。でも今では朝夕よく歩きます。ゴンと一緒だと新しい抜け道を発見する喜びもあって、どこまでも歩いていけそう。長いときは2時間くらいブラブラしていたこともありました。

　幸いゴンはどこでもついてきてくれる。初めての道でも全く不安気な素振りなし。私を信用してくれているのか、それとも全く何も考えていないのか？　途中のお店で私が買い物している間も、黙って待っててくれます。

ゴンは、ばかばかしいことにもつき合ってくれる。
どうしても満月とゴンのお尻の穴を
1枚の写真に収めたかった私。
じっとしててね
何枚も
撮って、
やっと成功

公園でゴキゲン！

6

足の手術、そしてリハビリ　part1

ゴン7歳の春。思いも寄らなかったことが起こりました。左後ろ足の手術をすることになったのです。脱臼した膝を元に戻し、ずれないように固定するというもの。膝の脱臼は、そのままにしておいても大丈夫なケースもあるそうです。ゴンの場合は体格、歳を取ってからの足への負担などを考えて獣医さんと相談、お願いすることにしました。

手術は無事に終わりました。様子を見に行くと、ゴンはまだ手術台の上に横たわっています。そのお腹がゆっくりと上下に動くのを見たときに「あぁ、良かった。息してる…」と私はなんだか目がウルウルしてしまったのでした。でも大変なのはこれから。リハビリをしっかり丁寧にやらないと。そしてまた元気に散歩できるようになろうね。

散歩中や遊んでいる時に、
足を痛そうにして立ち止まる
ことがあった。
キャン

早く歩こうとすると、手術した足を
使わずに、他の3本だけで歩い
てしまうゴン ⟶ リハビリにならない！

ピョン
ピョン

3歩、歩いては立ち止まるように
してみました。

すると立ち止まるごとに
足をつくので、自然と
手術した足も使うように
なりました。

…で、とにかくこの繰り返しをずっとやる。

夫は、こういう
地道なことが
できない男
スタスタ
ピョン
ピョン
立ち止まらなきゃダメ!!
もおおおお

6

足の手術、そしてリハビリ part2

根気良くリハビリをしたかいあって、ゴンの足はすっかり良くなりました。その後、1年経ってから右後ろ足も同様の手術をしましたが、ゴンはよく頑張った。

ギプスをして外を歩いていると、会う人ごとに「どうしたの？　かわいそうね」と声をかけられました。そしてみんなが励ましてくれて、その温かい気持ちがうれしかった。

あれから7年経った今でも、当時のことを覚えていてくれる方がいて「良かったわね、すっかり元気になって」と言ってくれます。その方は愛犬を病気で亡くしたそうで、ゴンのこともよく気にかけてくれる。ありがたいことです。

元気になって
良かったわねぇ

ときどきペット用のお灸をしています(14歳)。

7

11kgかついで階段上る

うちのまわりは海あり、川あり、山あり。ありがたいことに日々の散歩コースには困りません。ゴンともあちこち歩きました。でも最近は山方面、とくに長い階段や急な坂を上るときはゴンの顔色をうかがうことにしています。手術をした後ろ足のため、無理をさせたくないこと。それから、ゴンがいつまでもゼエゼエと息を荒くしているようになったからです。

　そこで、長い階段を上るときはゴンを抱っこ。中学校の運動部の子たちが上り下りする横を、わっせわっせ。私もゴンをかついで仲間入りです。ゴンの体重11kg…キツイ！　でも、私自身もこれがトレーニングになると思って…。

ふっくら、ゴンのお尻。

8

ドキッ、急に心臓って言われても…　part1

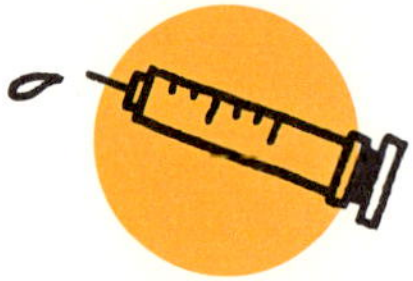

ゴンが12歳になったばかりのある日。予防注射の日がやってきました。散歩のふりをして出かけます。いつもの道をチャッチャッと機嫌良く歩くゴン。でも動物病院への角を曲がったとたんにガーン、騙された…。歩みがのろくなります。いつものパターン。注射なんてすぐ終わるんだからさぁ、大丈夫と明るくノセて診察室に入りました。

ところがこの日は少し長引くことに。ゴンに聴診器をあてていた先生が言います。「ちょっと心音に雑音が入るね」。ドキッとしました。雑音って…。そのまま診察台の上で心臓の超音波検査を受けることになり、私は急にドキドキが速くなっていきました。

先生と看護師さんと私。
みんなでモニターを見ていた。

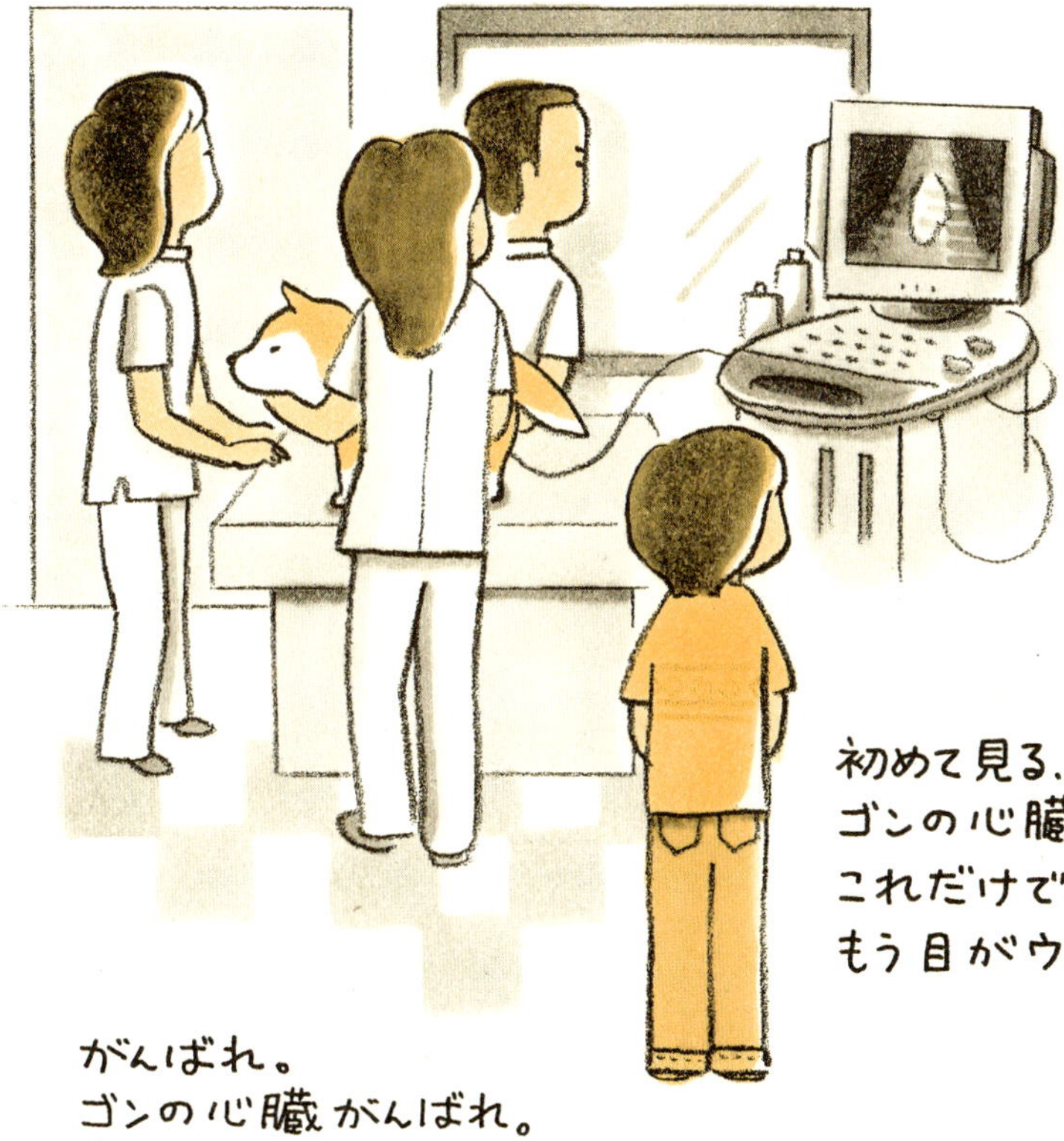

初めて見る、
ゴンの心臓。
これだけで
もう目がウルウル…。

がんばれ。
ゴンの心臓がんばれ。
病気と決まったわけでは
ないけれど、応援せずにいられない。

8

ドキッ、急に心臓って言われても…　part2

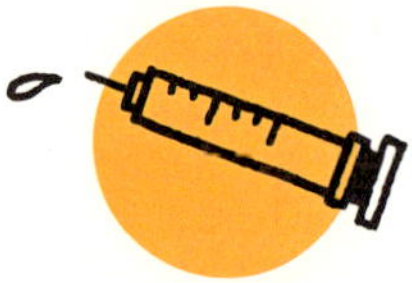

ゴンの心臓は弁の開け閉めがややスムーズでないらしく、これからは注意が必要とのことでした。今すぐに治療をという事態ではないけど、あと1年くらいしたら薬を飲むことになるかもしれないそうで。

動物病院からの帰り道、私の前を歩いているゴンを見ながら、心細くなりました。今まで、ゴンも歳だとなんとなく思ってはいたけれど、具体的に「心臓」って言葉を聞いてしまうと急に淋しくなります。初めて老いがはっきりと目の前に現れた感じ。ゴン、もうこないだまでの同級生ごっこは終わりだっていうのかい…？

ゴンの寝顔を見ながら
つい、あと何年くらい
一緒にいられるんだろう…
などと考えてしまった。

海岸を歩くゴン。

それから２年経ったけど、ありがたいことにゴンは元気。
薬は飲まずにすんでいます。

あっという間に食う。

あいかわらず
マイペース。

よく寝る…。

ゴンの体をよ〜く見ると①

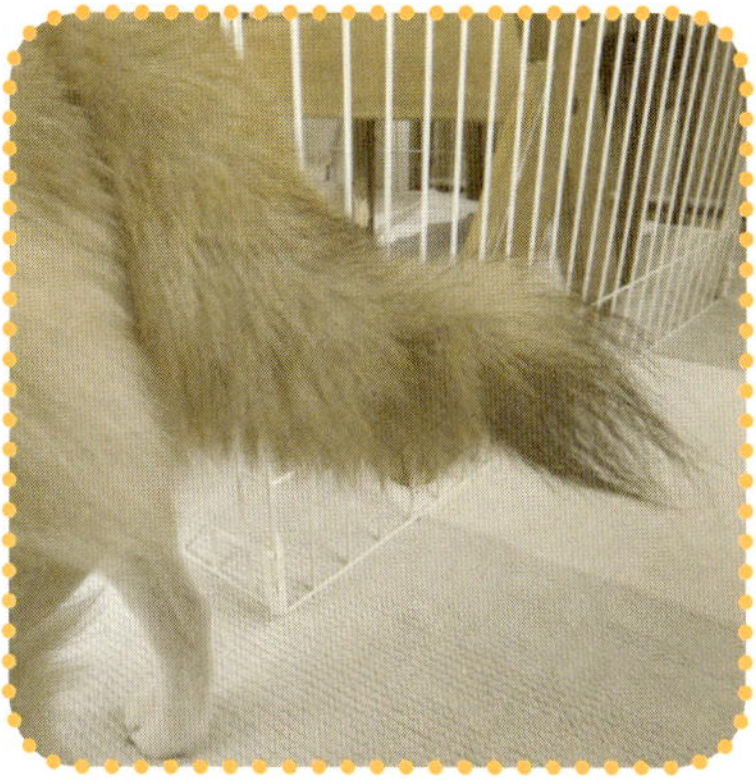

若いころに
くるんと巻いてたシッポも
今はダラン…。
散歩の時はピン!と上へ。

黒くて
しっとりした鼻。

あごの丸さがいい。

✧白い前足✧

うらやましい♪

ゴンの体をよ〜く見ると②

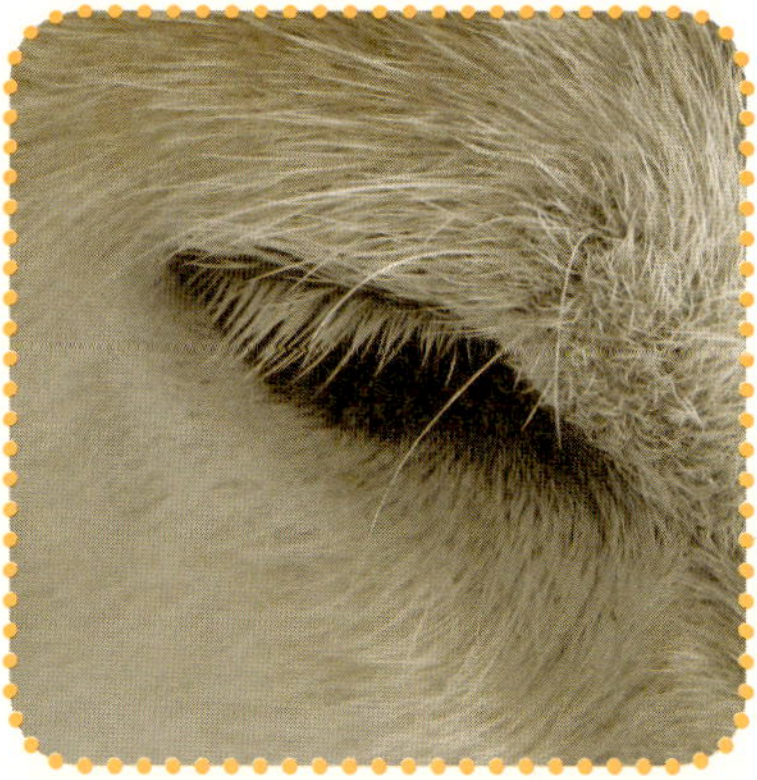

まつ毛は2重。
下側は黒いままだけど、
上はやっぱり白くなりました。

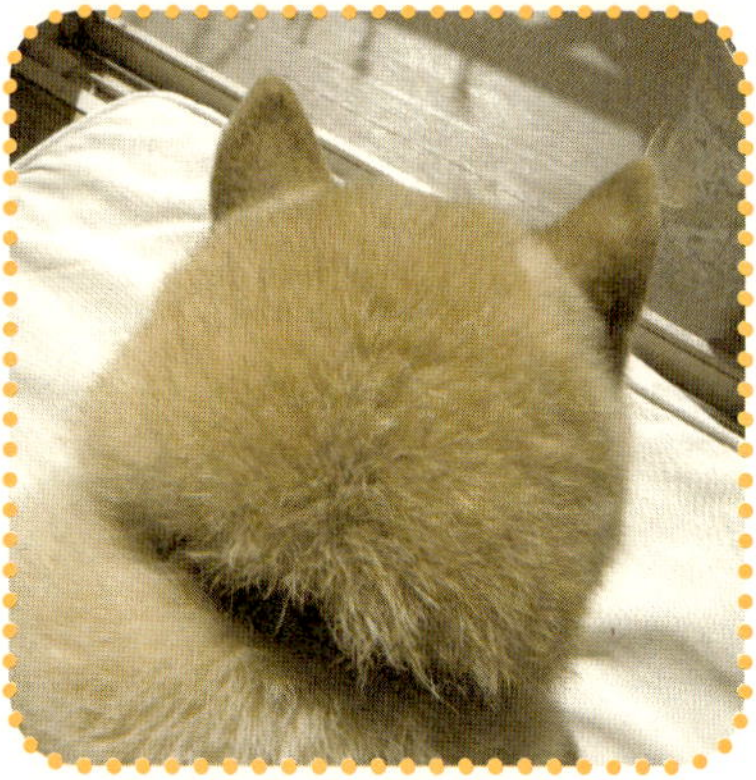

「ゴンの頭は
まあるいねぇ」
しょっちゅう、そう言って
なでています。

耳の厚みがいい。
手ざわりもいい。

3章

ゴンもかつては若かった
～子犬時代編～

フフフ。

ゴンの小さい頃は、そりゃかわいかった～。

おじいちゃんになった姿なんて

想像もつかなかった子犬時代。

1

子犬のゴン

ゴンは私が初めて飼った犬です。子供の頃から犬を飼うのが夢だったので、それはもう、うれしくてうれしくて。家で仕事をする立場なのをいいことに、朝から晩までゴンを観察していたものです。一向に飽きることはありませんでした。

家は賃貸のテラスハウスで、外犬可。ゴンは昼間は庭で過ごし、夜は玄関に置かれた段ボール箱の中に大事にしまわれたのでした。

うちに来たとき、ゴンは生後約3ヶ月。最初の晩だけ、フンフンと夜鳴きをしました。起きていって明かりをつけてやると、やがて安心して眠りにつきました。

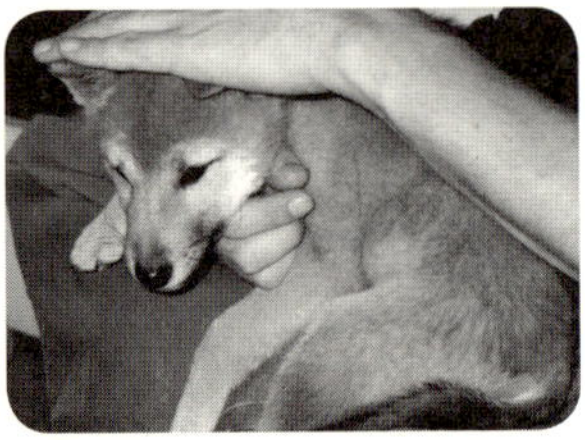

楽しいことがいっぱいのゴンの庭

隣のアパートの住人に挨拶。
塀の上を猫が通ると、なぜかきちっと座って見送る。
犬小屋のすぐ横も掘った。
適当な所でコロンと寝る。
とにかく庭を掘りまくった。
芝生を植えたが全て掘りかえされた。
柵
大きな木があり、ヤマバトがよく巣を作った。
たまに狭い所に入りこんでいた。
ゴンに気づかれないように観察。
ゴンがよく見える位置に仕事机を…。

2

人なつこいのはいいけれど

私も夫も昔から柴犬が好きでした。ゴンを迎える前は、散歩している柴犬に熱い視線を送りつつ、いつかは自分たちも…と決意を固くしたものです。柴犬のどこがそんなに良かったのか？　見た目はもちろんのこと、その気質です。決して媚を売らず、でも飼い主には甘え、そして従順で。ところがゴンは、ビックリするほど人なつこい。もう媚なんて売りまくり、はしゃぎまくり。誰にでも愛想がいいので、飼い主としてはちょっと複雑です…。近所の人が「2歳くらいになれば落ち着きますよ」と言ってくれました。私はそれを楽しみにしていましたが、3歳になってもまだゴンに変化の兆しはなく、やがて影山家の営業部長と呼ばれるまでになったのでした。

このころ、憧れていたセリフ…「うちの犬って飼い主以外には全然なつかないんですぅ」

営業部長は今も健在。
私の姪っ子の相手をするゴン（13歳）。

3

先輩と後輩の間で

ゴンはやたら明るい犬です。散歩で出会う犬には片っ端からご挨拶。相手がゴンに全く興味がなくてもシッポを振って近寄ってしまう空気の読めない奴。だから先輩犬に一喝されることもしばしばでした。

　でもこうして犬社会のことを勉強していったんですね。だんだんとゴンにも後輩犬ができて一喝する立場になったときは、あぁ、ゴンもオトナの犬になってきたんだなと感心したものです。しかし後輩犬に礼儀を教える一方で、先輩犬からはまだまだ叱られる。ライバルとはやり合わなきゃならないし…。犬社会もけっこう大変なんだなぁ。初めて犬を飼う私には、そんなことも新鮮でした。

ゴンは近所のミックス犬、クロちゃんのことを尊敬していて、一度も吠えたことがなかった。

冬は、小さい毛布を
マントのように巻いてもらってた。

3カ月ほど会えない日が
続いた後、クロちゃんが
亡くなりました。
ゴンはどうやって
理解したんだろうか…。

4

近所づき合いも上手　part1

ゴンの気ままな庭暮らしは、見ている私も全く退屈しません。起きているときのゴンはけっこう忙しくしています。庭を掘る、オモチャを振り回す。まわりのアパートの住人を観察する。朝早くから隣の大学生がサーフィンに出かけるときも、吠えたりせずにお見送り。ゴンはゴンなりに独自のおつき合いを広げていたようで、隣の家に来る植木屋さんとも、いつの間にか親しくなっています。そして作業の間に木っ端など投げてもらっては、オモチャ代わりにしていました。なかなか、明るい外犬生活を送っている…よしよし。

この庭には
いろんな思い出が…

ゴンは、投げてもらった
木っ端をカリカリ噛んで
遊んだ。

私の留守中に、ヤマバトの ひなが
巣から落ちて死んでいた。ゴンは
腰を抜かしてブルブル…。いったい
何があったのだろう？

4

近所づき合いも上手　part2

ゴンが2歳になる頃に、一軒家に引っ越しました。庭は前より狭くなったけど、たまには家の中に入ることもできるし、いっそう伸び伸びと暮らせます。新しい土地でもゴンは社交的で、いろんな人にかわいがってもらってる。良かった！

ある日、夕立とともにものすごい雷が鳴ったときのこと。パニックになったゴンは柵を破って庭を飛び出していったのです。ゴンがいない！　慌てた私が「ゴン〜！」と呼びながら出ていくと、チリチリ首輪の金具の音が…。なんとゴンは近所のでっかい家の裏庭に避難していたのでした。おうちの人にお詫びして、笑われちゃった。

ゴンを呼びながら
走っていると、
聞き慣れた音が!!

それにしても、自分の家を捨てて大きい建物に
逃げこむとは…。ゴンは意外とたくましい!?

5

ゴンは見張り中

ゴンは家の前の通りを見ているのが好きで、けっこう長い時間立ったり座ったりしながら、黙って庭にいます。しかし相性の悪い犬が通ると、ワンワン吠えながら庭の一番端っこに走っていき、相手が角を曲がるまで毛を逆立てています。そこは…本当は入ってはいけない花壇…。だから私に叱られるのですが、首輪をつかまれて引っぱり出されても毎度同じことを繰り返しています。

この前、お隣の植え込みにうっかり洗濯物を飛ばしてしまった私、回収するためお庭に入らせてもらいました。ゴンがじっとこちらを見ています。そうか…、なるほど。お隣からは、こんな風にゴンが見えるのか。この位置から見るゴンもおもしろいなぁ。新発見だなぁ。

よく、ブロックにあごを乗せている。

お隣の庭はとても広い。
「芝生の上をゴンちゃん走らせてみたいわ」と
奥さんが言ってくれたけど、
穴を掘ったらいけないので辞退…。

そういえば奥さんが
「時々、ゴンちゃんを呼んでみる
けど、耳がピクピクするだけで
ちっともこちらに気がつか
ない」と笑ってた。
気づけよ…、ゴン。

6

じわじわと室内犬へ

雷で脱走事件を起こしたゴンは、続いて夜中の嵐でも脱走するという決定的なことをやらかしました。それで少々後手に回ってしまいましたが、天気が悪くなりそうなときや夜は、ゴンを家の中に入れることにしました。留守番させるときもそうです。一番活躍してもらわねばならないときに、犬をわざわざ家の中に「しまう」のは、なんとも滑稽。でもゴンは番犬になっているのかどうかよくわからなかったから、気にしないことにします。

家の中でも、外の通りをよく見張っているゴンですが、もうわざわざ庭で暮らしたいとは思わないようでした。夫や私と一緒にいる方が安心。それに台所の観察をするという、新たな楽しみを発見したみたいです。

ゴンが家の中にいるようになり、
抱っこしたり一緒に寝転がったりと
飼い主も楽しみが増えた。

わきの下に顔を
つっこんで甘えるゴン

ガン
ガン
ゴォゴォ
ガガガ
ドッドッ

ぐー
ぐー
なんでゴンは
平気なの!?

ゴンは水道工事の音
くらいじゃ起きない
ほど、家の中でくつろぐ
ようになった。

7

ゴンがキレた!? part1

ojiya
鶏ササミ
または
ひき肉
白米
大根
にぼし

犬を初めて飼う人がよくぶちあたるのが、ある日突然愛犬がドッグフードを食べなくなった！という問題。食べ物の好き嫌いがはっきりしてきて「カリカリのドッグフードなんか食ってられるかー、オヤツをよこせー」となるんですな。私はそんなことが起こるとは夢にも思わず、朝はカリカリ、夜は手づくりおじやをゴンにあげ続けていました（あぁ、今だったら決してそんな失敗はしないのに）。

ご他聞に漏れず、ゴンも「朝も夜もおじやしか食べないもんねー」と、反抗する事態になってしまいました。さぁ、困った。

ドッグフードの種類を変えれば
ゴンが食べてくれるんじゃないかと思った私。
売り場に通いつめたものです。
そしてついには売り場に流れるCMソングを
暗記するまでに…。

♪めちゃめちゃ
ウマイ〜 ア・ソレソレ♫
ペット フード
ア・ソレソレ♪っと
う〜ん これは魚が メインか…

7

ゴンがキレた!?　part2

愛犬が好き嫌いをしてドッグフードを食べなくなっても、とにかく同じものを出し続けるべしと、しつけ本に書いてあります。獣医さんにも同じことを言われました。最初は拒否しても、お腹がすいて我慢できなくなれば必ず食べるからって。つらいけど、実行することにしました。

何度もカリカリを出し続けた私に、ゴンの逆襲が待っていました。地面に置かれたドッグフードの器。そのまわりの土を、鼻先で丁寧に一ヶ所に集め…小山をつくり…。ババッと一気にフードにぶちまけたのです！　そう、ゴンが怒ってちゃぶ台をひっくり返したんです。私は顔がカッと熱くなりました。それは怒りより驚き、いやむしろ感動！　犬ってこんなことするんだ…。すごい、すごい悪知恵だよ、ゴン。

後から思えばこの一件がゴンのいやがらせ第一号。
ゴンは不敵の笑みを浮かべて
飼い主を観察する犬へと成長していった。（写真はゴン13歳）

あの後、ゴンは降参してカリカリを
食べ始めました。
そして好き嫌いせずに、ごちそうの
翌日も黙ってカリカリを食べてくれ
るようになったのです。

ああ、よかった…
一生忘れられない光景

ある日のゴン①

ゴンの布団には決して乗らないテツだけど、
今日はやけにくつろいでます。
キラリーン！ ゴンの眼が光る…

ある日のゴン②

動物病院にて。
隠れたつもりらしいですよ。
「変だな～。ゴンがいない」と、
だまされてやってくださいな。

ゴンは強いコなんだ

弟分のテツが来たことで見えてきた、

ゴンのもうひとつの顔…。

精神的な強さを持ったゴン。

ゴンには教えられることばかり。

1

まさか弟分が来るなんて　part1

長い間一人っ子生活を続けてきたゴンにとって、テツが来たのは大事件でした。それはゴンが8歳を迎えた夏のできごと。まさか自分に弟分ができるなんて…。しかも何の前ぶれも、一切の相談もなく、です。

　初めてテツと対面したとき、ゴンはとっても興奮し、そしてピイピイ鳴きました。よそ者という感覚はないみたい。どうやらお世話をしたがっているみたい。もし子犬のテツをゴンの前に置いたら、匂いをかいだり舐めたりして、母犬みたいにかわいがったかもしれない。どうか2匹が仲良くしてくれますように！

子犬は気ままだった。
ゴンは散歩から帰って家にあがると、
真っ先に子犬を見に行った。

ゴンとテツをスケッチしてみた。

テツ（5ヶ月）

ゴン（8歳）

1

まさか弟分が来るなんて part2

ゴンはテツを受け入れてくれたけど、それと自分がかわいがってもらうこととは別問題。やっぱりおもしろくないって思うことも、そりゃあるよね。テツの世話をしながらふと振り返ったとき、ちょっと離れたところからゴンがじっと見ていて、ドキッとしました。なんでちょっと離れているのか…。遠慮しているのかもしれません。「ゴン」って呼んだら、やっと小走りでこちらへ来ました。良かった、忘れられてなかった、そんな表情でした。

ゴンを忘れるなんて、そんなことあるわけないのに。でもそこは、大げさなくらいの態度で示してあげないといけないんだな…。

ゴンはかわいいねー
ゴンはかわいーーい
かわいいコだ～

ゴンが甘えてきたときは、しつこいくらいに「かわいい」を連発した。

花壇にて。「お〜い、ゴン！」
ゴン（８歳）

2

張り切るゴン兄さん part1

テツが生後3ヶ月を迎え、外に出られるようになりました。一緒に散歩するとなると、ゴンはテツを意識しながら歩かなければならないので大変。ペースを乱されっぱなしです。

それでも「テツと一緒、うれしい！」、スキップしているゴン。ところがテツはチョロチョロと動き回り、ゴンにちょっかいを出してくるので気が気じゃない。ときどきゴンの胸元や腰などにカプッと噛みついて遊びを仕かけてくるのです。「散歩っていうのはそうじゃないんだよ」。ゴンがイラッとするのもよくわかる…。私もスニーカーの先をカプッとやられましたから。

テツと歩いていると、ゴンが
イラッとする場面も多かった。

何年も前にゴンが庭に
埋めたボールをテツが
発掘！
ゴンはボールとの再会を
とても喜んだ。

「テツが見つけてくれたん
だよ」って教えてあげられ
たら、テツのこと見直したかな？

2

張り切るゴン兄さん　part2

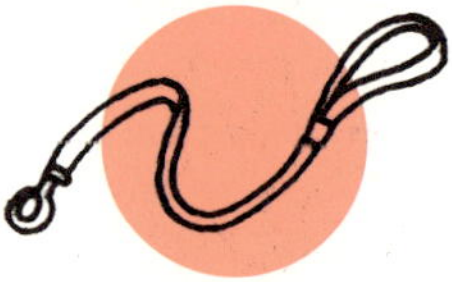

テツの勢いに圧倒されているゴンですが、道の向こうからよその犬が歩いてくると、とたんにたくましくなります。テツの前にササッと出ていってワンワン！　そしてテツはしおらしくゴンの後ろに隠れる。さすがゴン。兄貴分らしくテツを守ってるんだな〜。でも、もしかしたら「この群れの中じゃ俺が一番強いんだぞ」というアピールだったのかも？　最近はそんな風に考えることもあります。またそうすることで、なんとかテツに自分の強さを見せつけたかったのかもしれません。

ゴンも、吠えると
けっこう恐い顔になる。

もう長いことずっと見ている
ゴンの背中。

3

1位の座をテツに譲る

子犬の成長は早い。小さくてオモチャみたいだったテツが、まさか自分より力が強くなるとはね。ゴンは「こんなはずじゃなかった!」と思ったでしょう。

ゴンとテツ、初めはゴンの方が1位の座に君臨していたけれど、すったもんだの末に形勢逆転。ゴンはテツにその座を譲ることになりました。体が気持ちに追いつかなくなってきたゴン。もどかしい思いをしていたにちがいありません。そしてケンカした後で、一人だけいつまでもハァハァ言っているゴンの姿を見るのは、私も辛いものがありました。2匹一緒に飼うこと、そして愛犬が老いていくこと、この2つの現実を今まで甘く見ていたのかなぁ…。

かみ
かみ
かみ
聞こえない
ふり
ハァ〜ン
ハァ〜ン
そのオモチャ
ちょうだ〜い
ハァ〜ン
ほふく
前進！

この後ゴンは、水を
飲むふりをしてテツに
オモチャをゆずった。

ゴンが前足で押さえて
いるオモチャを取っていく
大胆なテツ。

「なんだいコイツ、調子に乗ってさ」と
鼻をふくらませつつも、ゴンはテツの
好きなようにさせていた。

4

本当に強いのはゴン　part1

テツが1位、ゴンが2位となったからには、飼い主もそれに従わなければなりません。ご飯も散歩もテツが先。そんなとき、心の中で「ごめんね」って言いながらゴンの方を見ると、厳しい表情の中にも口元だけは緩んでいて、「いいんだよ」って言っているように思えました。都合のいい解釈かもしれないけれど。

その頃テツのしつけを指導してくれていた先生に相談すると、こんなことを言ってくれました。「ゴンは大丈夫。このコは強いコですよ」と。ゴンが強い？　初めて聞いた言葉でした。

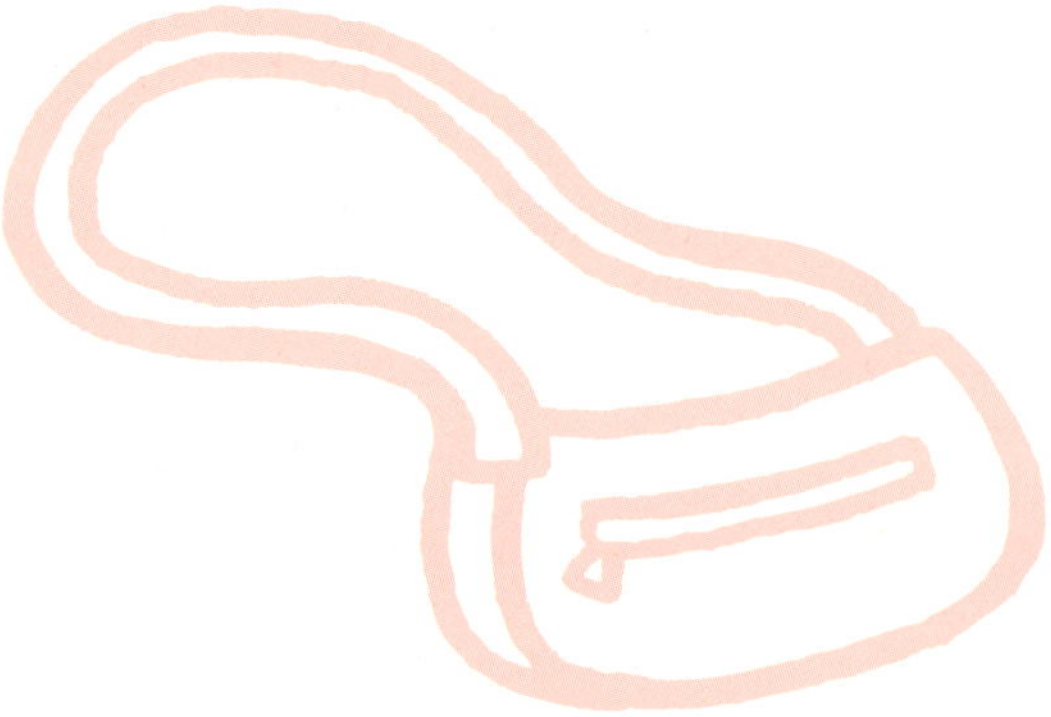

最初のうちは、ゴンが
怒っているんじゃないかと
気になった。

4

本当に強いのはゴン　part2

これまで、ゴンのことを誰かに話すときには「のんびり屋」とか「明るい」「忘れっぽい」など、のほほんとした言葉しか出てきませんでした。唯一「頑固」というのもあったけど、芯が強いということではなく、嫌なものは嫌という、どちらかというと私を困らせるたぐいの頑固さです。

そうか…、ゴンは強い。そんな見方もあったんだ。たしかにゴンはテツにやり込められてもすぐ立ち直る。それを私は「ゴンはすぐに忘れてくれるから助かる」なんて言ったりして…。

10年近くも一緒にいて、ゴンのことはなんでもわかったような気がしていたけど、今頃になってこんな大事なことに気づくなんて。

とにかく
掘ると決めたら掘る!!
イケナイ
ニコ
ニコ
そして怒られても
へこたれない。

ゴンの大好きな日なたで。

キミは大物だ〜

ゴンのハウス。一番安心できる場所。
スヤスヤ…
そこへ忍び寄る影…
ぬっ
ぐいっ
ワンワンワンワン
そのまますぐ寝た!!
コテン
すごい神経…

5
章

我が家の営業部長はりきる

お客さんが来ると、はりきっちゃうゴン。

一家を代表し、得意のご接待。

でも最近では疲れも見えて…。

無理しなくていいんだよ。

1

営業部長、ゴンの接待 part1

今日はうちにお客さんが来ています。しかも3人という、我が家にしては大人数。みんなお酒が入ってわいわいおしゃべり。ときどきドッと大きな笑い声が起きるので、テツはビビって台所に避難。ゴンはというと、お客さんのところを順番に回ってはご挨拶。さすが年の功。営業部長は健在だった！

少し経って、あれ、ゴンが静かになった…と思い足元を見ると、フセの格好で目をつぶってる。なんと舟をこいでます。しかしすぐに視線を感じて飛び起きた！　無理しなくていいのに〜。こういうときは、寝ないで頑張っちゃうんだなぁ。

タ、タクシー
部下に命令するのではなく
自ら行動をおこすことで
信頼を集めてきたゴン部長。

ゴンとテツ　ご挨拶それぞれ

ゴン

お客さんが荷物を
置くまでは我慢。
がばっ
じだ
じだ
OKとなったら
積極的に!!

テツ

大歓迎するものの
すぐには近寄らず…。
そ〜っ
クンクン
まずは慎重に調べる。
すぐに逃げら
れるような体勢。

1

営業部長、ゴンの接待　part2

それにしても今夜は皆、よくしゃべる。よく笑う。楽しいので、私はその様子を戸棚の上に置いたビデオで撮っていました。そんなシーンをわざわざ撮るなんて、私も酔っぱらっていたんでしょう。でも、撮っておいて大正解！　だって、後でそのビデオを見たら、とってもおもしろいものが映っていたんですから。

　ゴンがテーブルの下からぽこっと顔を出しては頭を撫でてもらい、引っ込めています。まるでゲームセンターのモグラたたきみたいです。こっちから出たかと思えば、今度はあっち。ぽこっ、ぽこっ。すごくかわいい。かわいいよ、ゴン。

ゴンは、みんなのところを
回ってかわいがってもらってる。
みんなゴンのことを昔から
知っている人ばかり。
うれしそうなゴン。

2

赤ちゃん扱いしたい

GON
GON

ゴンやテツのことを人に話すとき、以前は百パーセント呼び捨てだったんです。それがいつからか「ゴンちゃんが…」と、ちゃんづけで話すようになった私。犬友達はとっくに気づいていたようで「アレ、影山さんてこういうキャラだったっけな〜と思った」と。うわ…。赤面し慌てて「ゴンの奴めが…」と言い直したけど遅かった。なんで、ちゃんづけになったんだろう。ゴンがおじいちゃんになってきたことと関係あるかもしれない。なんだか、赤ちゃん扱いしたくなったんだよ…。

聞くところによると、歳を取った犬が赤ちゃん返りすることがあるとか。でももしかしたら、飼い主の方が愛犬を赤ちゃん扱いしたいのかもしれないなぁ。

江戸っ子風
ゴンの字
のじっこちゃん
業界風?
ちゃんのじ
のじ
のじっこのじ
ややこしいな…

一緒に暮らした年数と共に増えていく
"ヒミツのニックネーム"
人前で使うのは、ちょっと恥ずかしい!

我が家の「めんこい」おじいちゃん。

3

似合う色

ゴンやテツに服を着せることはほとんどありません。ゴンにはレインコートを着せることもあるけれど、ビビリ屋のテツは首輪に鈴がついただけでも固まってしまうので、服などとんでもない。だからオシャレと言えば首輪とリードの色をどうするかってことくらい。

その首輪もめったに着替えることはないのですが、ゴンが8歳くらいのときにちょっとイメチェンしてみました。それまでの茶系から黒へ。リードもオリーブグリーンから黒に統一。すっかり硬派になりました。白髪が増えてきた首の辺りとのコントラストも、いい感じ。犬も、歳とともに似合う色が変わるんですね。

首輪が黒だと
ひきしまって
見える。
着やせ効果!?
ちなみにテツは
子犬の頃から赤。

ゴンにも衣装があるのです

これを着ると、なぜか
おめでたい感じになる。
赤いレインコート
還暦のお祝いみたい!?

手ぬぐい
わ〜、似合うよ!
さすが年の功!
ゴンをおだてるときによく使う言葉

4

アレッ、聞こえてないの？

ある夕方。外はすっかり暗くなりました。散歩もご飯も終わって、ゴンとテツはゆったり。ご飯の余韻でも楽しんでいるのかな。私は2階で仕事の続きをしています。そこへピンポーンと呼び鈴の音。「豆腐屋で〜す」。毎週、車で売りに来る豆腐屋のおかみさんだ。アレッ、ゴンちゃん今日は教えてくれなかったの？　いつもは車の音を聞き分けて、ゴンが教えてくれるのです。ゴンの「ワオン！」で豆腐屋さんだとわかるのに。

そんなことが2、3回続き、さてはゴン、耳が遠くなったんだなと思いました。豆腐屋さんに話したら「え〜、やだぁ、ゴンちゃんたら…」と淋しそう。

インターホンが鳴るまで
気づかなかったゴン。
ちょっと気まずそう。

耳が遠くなって…悲喜こもごも

GOOD!!
雷が鳴っても
大丈夫♪
ゴロゴロ
ピカーッ
よかったね…

BAD…
オヤツを
食いっぱぐれる。
ゴンちゃん、オヤツだよ
スー…
スー…

5

カナブン待ち

夏が近づいてきました。ゴンはもうすぐ14歳です。最近ちょっと気になることがあります。夜、ゴンがボーッと窓の外を眺めているのです。外は暗闇。テレビを見ながら晩酌していてわからなかったけど、1時間くらい立ったままかも…。そう気づいたときにドキッとしました。ボ、ボケちゃったんじゃないか？　でもゴンにはこう聞いてみました。「ゴンちゃん、カナブン待ってるのかい？」。実はゴン、網戸に飛んでくるカナブンに興味津々。何日か前の晩、オシッコしに庭に出たついでに、落ちていたカナブンをパクリとやったんです。だからカナブン食べたさに外を見ている…、そういうことなのかもしれません。

夜、ボーッと暗闇を見つめているゴン。

窓ガラスに映った自分に見とれているという説も!?

ゴンが14歳になって、私は真剣に
認知症を意識し始めました。

認知症予防にDHA摂取をすすめられたので…

スーパーの
魚売り場は
午前中が
狙い目！
魚のアラを買って、目玉をゴンに与えることに！
〇〇産マダイ
¥200
開けてみると結構、身もついていて、飼い主の胃袋におさまる部分も多かった。
フライ
塩焼
舌なめずり
ちゅるっ
ゆでた魚の身や目玉をカリカリのフードにトッピング

6章

これが年老いたということ…？

14歳になってから、

ゴンの体の時計が急に早くなった気がして…。

まだまだ、ゆっくりでいいよ、

ゴンちゃん。

1

お宅も老犬ですか　part1

愛犬が歳を取ってくると、外で出会う老犬にも目がいくようになりますね。ゴンが若い頃は「あぁ、けっこう〝お年のコ〟なのかな」くらいに思っていたのが、今では「このコは8歳くらいかな、あのコは13歳くらい？」と、体やしぐさの細かい部分を観察するように…。そして、口のまわりの毛が白っぽいところ、お尻がもっちりしている感じなど、みんなかわいいと思うのでした。

　でもそうして老犬さんたちを見ていると、切ない気持ちになることもありました。以前はおばあちゃん犬を散歩させていた、年配の男性。もう1年くらい会っていなかったでしょうか。その人が先日、子犬と歩いていたのです。挨拶すると、おばあちゃん犬が亡くなったとおっしゃいました。

1年ぶりに会ったおじさんが
子犬を連れていた。

これこれ待ちなさい
バタバタ
いろいろあったのかも
しれないけど、今は
おじさんが元気そうでよかった。

テツが子犬で、ゴンと別々に
散歩させていた頃…。

近所の人
アレッ前の犬はどうした!?
前の…?ゴンのことか
家で留守番してますよ
バタ
バタ

1

お宅も老犬ですか　part2

ある日、私の〝シニア犬アンテナ〟がスーパーのレジにてピピピッと反応しました。前に並んでいた女性のカゴに、シニア用ドッグフードが見えたのです。急に同士を見つけたような気になった私。言葉には出しませんでしたが、その人の背中に向かって話しかけました。あぁ、お宅のコもおじいちゃんかおばあちゃんなんですね〜、かわいいでしょうね〜。

なんだか、老犬と暮らしている人がみんな友達に思えてしまう…。あの人と私、宝物が一緒。

朝、新聞に目を通す夫の横で、
ゴンがくつろぐ。

2

ご飯、ご飯！

最近、ゴンの食欲がすごい。っていうか、食い意地がすごいと言った方がいいかも。たまに心配しちゃいます。だってご飯を食べてから散歩に出かけたのに、家に帰ったらまたご飯を食べるつもりでいますから。足を拭くのももどかしいって感じでダダッと家に上がり、ご飯の位置で私の顔をじーっと見上げる。散歩中にオヤツを食べた場所もしっかり覚えていて、近くを通ろうものなら、そこへ向かってまっしぐら。おお〜っ！　迫力さえ感じます。

でも食いしん坊は、犬が犬であることの証のようなものですからね。いいんです。困るのは、ご飯の用意を始めるとゴンが鳴くようになったこと。これにはテツでさえたじたじなのでした。

ご飯の準備が始まると
大騒ぎ。子犬の頃から一度も、吠えて
催促したことなんてなかったのに。
耳が遠くなった分、アピールも大げさになってしまうのかなぁ。

ご飯へと続く道

今日はご飯の前に散歩
往きは よいよい♪
帰りは…
スッ
近所の角を曲がった
とたん、スイッチオン!!
ピカッ
ごはん
家へとまっしぐら
なのでした。
どこに
こんな
力が!?
ダダダダ

3

車のライトが怖い

夕方の散歩はあまり暗くならないうちに行くようにしています。歳を取って感覚が鈍くなってくると、暗闇は怖いようです。ゴンは電柱から少し見えているゴミ箱や、植え込みからヒョロッと飛び出している雑草などに、いちいち驚くようになりました。車のライトもまぶしいし、ドキッとするみたい。いつだったか通りかかった家のガレージで車のライトがパーンと点いたときは、驚いて飛び上がってました。

　そういえば、ゴンの目は昔から真っ黒でクリクリッとしていたけど、今は少し灰色がかっています。ちょっと白内障になりかけていると獣医さんに言われました。

ゴンの「ゆるトレーニング」

① 散歩コースにゆるやかな坂道を取り入れています。

後ろ足の筋肉が弱るのを
防ぐため、ゆるやかな坂道を
ゆっくり歩く。

② 肉球マッサージをときどきやります。

あるとき、ゴンの足先が
すごく冷たいことに気づいた。

犬も足が冷えるんですね。
肉球を軽くマッサージしてあげると
いいと聞いたので…。

4

14歳の、おもらし part1

ゴンとテツは一緒に散歩していた時期もあったけど、今は別々に行っています。歩く距離やペースが全然違うからです。初めにテツを散歩させ、夕方はそのまま公園でご飯。ゴンには私たちが散歩に出るときにご飯を出していきます。

ある日、テツと家に帰ってみると衝撃的なことが起こっていました。玄関のドアを開けると、ふわ〜んと臭う。ま、まさかこれは…。なんとゴンが絨毯《じゅうたん》の上にオシッコをもらしてしまってたんです。そんなばかな！ ゴンは家の外でしか排泄しない犬。留守番の間も我慢して、決して家の中でもらすことなどなかったのに。

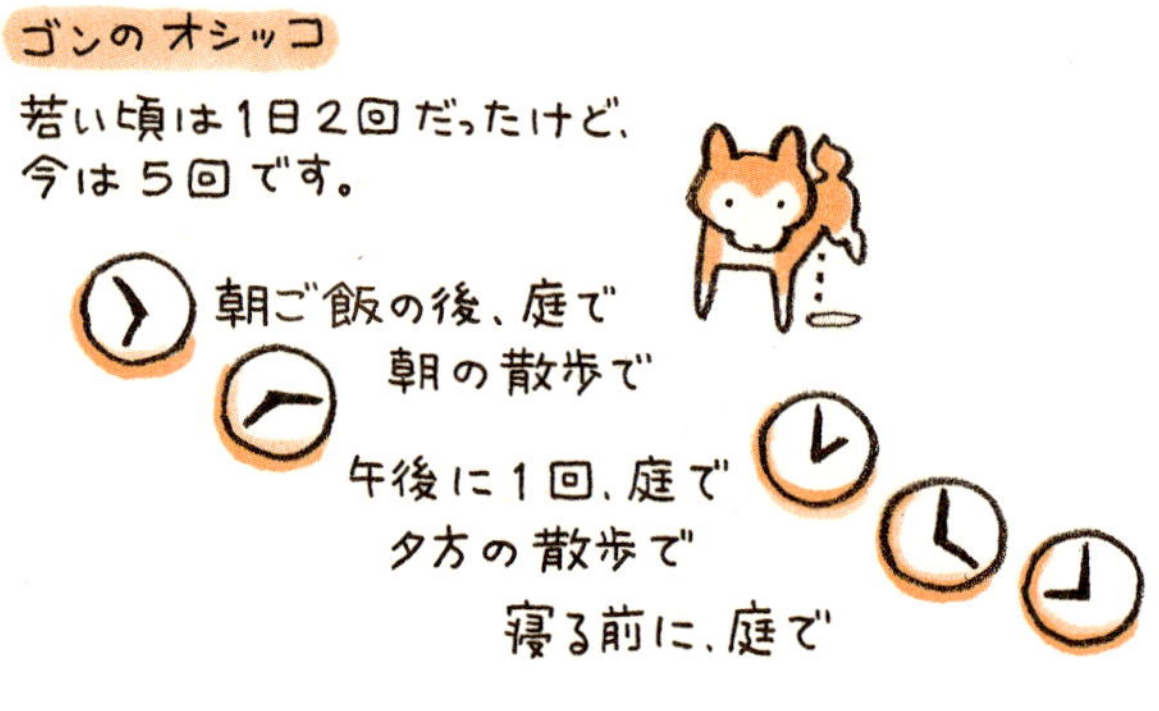
ゴンのオシッコ
若い頃は1日2回だったけど、
今は5回です。
朝ご飯の後、庭で
朝の散歩で
午後に1回、庭で
夕方の散歩で
寝る前に、庭で

そういえば…。
テツと散歩から帰ると、家の中から
ゴンが鳴く声がした。
もしかして、オシッコ もらした後ずっと
鳴いていたんだろうか…。

ゴンだって、
もらしたくはなかった
だろうに…。
私は黙って床を
掃除した。

4

14歳の、おもらし part2

どうすれば、ゴンがおもらししなくてすむか。私はまず、この日の反省点をあげてみました。いつも午後に1度、庭でオシッコさせるのに、ゴンがしなかったからといってそのままにしてしまった。もう1回、庭に出すべきだった。ゴンがオシッコ溜めてるのに、テツといつもより長く散歩してきてしまった…と、考えてみれば私の不注意が原因。ほんとにごめんね、ゴンちゃん。

そんなわけで、翌日はしっかりオシッコさせてからテツと出かけたのに、帰ってみたらまたおもらしの跡。あ〜あ…。

でも待てよ。昨日と同じ場所にもらしてる。てことはぁ、そこにオシッコシーツを敷いておけばぁ、明日からはその上でオシッコするんじゃなぁい？ いいこと思いついちゃった〜。

今は出ないよー
エー、いいの？
この日の午後は、オシッコをしていなかった。

オシッコシーツでできるかな?

4

14歳の、おもらし　part3

数日後、私は柴犬を飼っている知人に会って、言いました。「ゴンがね、家の中でオシッコできるようになったんですよ〜」「エエーッ」。そりゃもう驚かれましたよ。今まで外でしか排泄しなかった犬、しかも柴犬が？　そう、すごいんですよぉ、うちのゴンは。

ところが浮かない顔をしているのが一人。うちの夫です。ゴンがもらしてしまったことがショックなんです。歳を取ったことを見せつけられたような気がするのでしょう。そりゃ、私だってそうだよ（しかも現場にいたのは私）。でも、いつまでも引きずってる場合じゃないでしょうが。誰より、ゴンがすっかり立ち直っているのです。持ち前の明るさで「オシッコは家の中でしてもいいもの」と、頭を切り替えたようです。さっすが、ゴン！

キャーア！
これでもう雨の中、じいさん連れて歩かなくてすむのねっ
ザーザー
ゴン…そんな年になったのか…
スースー
ひとり、しんみり

大雨で外に出られないときも
オシッコシーツにちゃんとしてくれた。

成功の秘訣は、ゴンがもらしたところに
オシッコシーツを敷いたことかな。

ゴンのトイレ成功は家庭を明るくした

あれ以来、長い留守番やご飯直後の
留守番のときは、オシッコシーツを
しいておくことにしています。

自慢の
柴犬さんだわぁ

とにかく成功したら、ほめまくり!!
さすが立ち直りが早いゴン。得意顔♪

みっなさぁん
うちのゴンちゃんは
えらいん
ですよぉ〜
ワイドサイズ
40枚

何年ぶりかでオシッコシーツを買い、
私は有頂天だった。

7章

活きがいいねぇ、銀柴さん！

ゴンはたしかにシニア犬。

でも、おじいちゃん扱いばかりしては

いけないって思うのです。

ワッショイワッショイ！

さぁ、今日も元気にいくよ。

1

ゴンやテツと一緒の写真

もう何年も前になりますが、ある人のブログを見ていてハッとしました。そこにはこう書いてありました。愛犬が亡くなった後にアルバムを見ていたら、自分が写っているものがほとんどなくて淋しかったと…。

我が家のことを振り返ると、ゴンやテツの写真を撮るのは、たいてい私。だからカメラを手にしている私があまり写っていない（夫はよく登場）。それで、たまには夫にカメラを渡して「ゴンテツと一緒に撮って」と頼みます。ふと、ゴンやテツがいなくなった後のことを今から準備しているような感じがして自己嫌悪…。でも2匹と一緒に笑っている自分の姿を客観的に見ていたら、ポッと心が温かくなりました。そばに犬がいることの幸せを、あらためて感じたのです。

犬は好き勝手に
あちこちを見てる。
でも、それで
いいんです。

ゴンと私。朝の散歩で。

2

心寄り添うゴンとテツ　part1

ある夕方、仕事が一段落したところで私が1階に下りていくと、テツがダダダッと駆け寄ってきました。ずいぶん静かだったから、2匹ともそれぞれの寝床にいたんだろうなと思いながらリビングに入っていった私。ある位置に立ったときにハッとしました。それはゴンの柵のすぐ外側。この絨毯がじんわり温まっていたのです。つまり、テツがそこで寝ていたということです。ゴンのそばにいたんだ…。そうなんだ…、テツ。

この日私は初めてテツの思いやりを感じて、ジーンとしました。テツの優しさ、かわいさ。そしてテツに甘えるゴンのかわいさ。2匹の間に、いつのまにか温かいものが芽生えていたのです。

足の裏から伝わる
テツのぬくもりと
その場に漂っている空気は、
何にもたとえがたい
甘くやさしいものでした。

2

心寄り添うゴンとテツ　part2

以前に、テツのしつけの先生がこうおっしゃっていました。日本犬の兄貴分と弟分、初めはケンカしても、若い方が落ち着いてくれば寄り添いますよ、と。そして私たちは、それはそれは素晴らしいものを見ることができますよ、と。素晴らしいもの…そう聞いたとき、私は胸が震えました。そのときは、テツのしつけに最も手をやいていたときでしたから、うっとりするような「女神さまの言葉」に思えたものです。

　今までゴンには我慢をさせてきたし、テツもストレスがあったでしょう。でも、もしかして、先生の言葉が現実になる日はそう遠くないのかもしれません。

週末は家族で散歩。
たまにテツがゴンに幅寄せし、
ゴンがテツを叱る。
ほっぺたのあたりに
軽く歯をあてているみたい。

テツがハウスの中で寝ています。
そのそばでゴンがくつろいでいます。

3

ゴンちゃん、活きがいいねえ！ part1

この間の日曜日。私は夫が見ているテレビの旅番組をチラ見しながら、夕飯の支度をしていました。ゴンとテツはそれぞれにくつろいでいます。食事のシーンで、タレントが何か口に入れたらしい。そこでおもしろいことが起きました。タレントが「生姜味噌！」と叫んだとたんに、ゴンがガバッとテレビに飛びついたのです。なんで!? 夫に、肉とかゴンが好きそうなものだったのかと聞いたけど、そういうわけでもない様子。そんな、若い犬がするようなことを今さらやるなんて笑える。そして、なぜかはわからないけど「生姜味噌」という言葉にピンときちゃったゴンが、やけにかわいく思えました。

盛りあがる「ごっこ」遊び ①

相撲部屋ごっこ

テツと
ぶつかり稽古！

ゴンのお腹の下に手を入れて、
持ち上げる真似。

3

ゴンちゃん、活きがいいねえ！ part2

ゴンはおじいちゃん犬だけど、ありがたいことに見た目はちっとも老け込んでない。きっとゴン自身だって、衰えたなんて思っていないはずです。相変わらず小憎《こにくた》らしい「いやがらせ」もしてきます。私のことを見透かされているようで、全く油断なりません。

私は、こんなふうに年老いてちょっとふてぶてしくなった柴犬たちのことを、敬意をこめて「銀柴さん」と呼んでいるのですが、ゴンはまさに銀柴ど真ん中。いぶし銀の魅力をかもしだすお年頃です。そんなゴンのことを私も盛りあげてやりたいと思うのです。これからも、ゴンのかわいいところをいっぱい発見してあげたい。今日も明日もあさっても…、ずっと。

盛りあがる「ごっこ」遊び②

おっ
こいつぁ活きがいいね!

おじいちゃん扱い無用!

大漁ごっこ

ぴっちぴちだ!!
ドドーン
今年一番の大物だよ!!

おまけ

ゴンには迷惑なお泊まりごっこ

え…じゃあ明日の朝はゴンちゃんがパンケーキ焼いてくれるの?
ワーイうれしいっ
私は寝坊していいんだね
がまん

ゴンちゃんへ

いつもかわいくってありがとう。

「おわりに」

ゴンの本を作ることになって、
ずいぶん昔の記録を引っぱり出してみました。
忘れかけていたけど、いろいろあったんだなぁ。
思い出す機会がもてたことに感謝です。

おもらしのことを書きましたが、
今はまたすこし状況が変わってきました。
長い留守番でも、ゴハン直後であっても、
家の中ではオシッコしません。
オシッコシーツはきれいなままです。
したくないからしないのか、我慢しているのか…。
こればかりはわかりませんね。

きっとこれからもいろいろあるのでしょう。
どんな時も、老いていくゴンの支えに
なってあげられるよう、
そして一緒の毎日をずっと楽しんでいけるよう…。
私はいつも心に明るさを持っていたいと思います。

さいごに、いつもゴンとテツを
見守ってくださる皆さま、
そして一緒に本を作ってくださった
すべての皆さまにお礼申しあげます。
ありがとうございました。

2012年3月　　影山直美

「となりは柴犬 3 丁目」

税込価格 924 円

ISBN978-4-8401-2354-9 C0076

住んでみたい、
こんな柴犬たちの暮らす町。

「柴犬ゴンとテツののほほん毎日」

税込価格 1155 円

ISBN978-4-8401-3807-9

写真・イラスト・エッセイで
つづる柴犬。
【我が家に子犬がやって来た編】

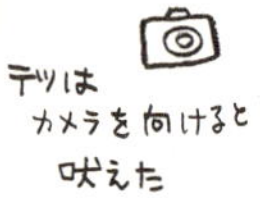

「柴犬ゴンとテツのポカポカ日和 」

税込価格 1155 円

ISBN978-4-8401-3980-9

「のほほん毎日」その後の
エピソードがいっぱい！

Books

影山直美の既刊本

「うちのコ柴犬
柴犬 2 匹のいる暮らし　愛すべき生態が丸わかり！」

税込価格 998 円

ISBN978-4-8401-3100-1

振り回されるのも飼い主の喜び。

「うちのコ柴犬　反抗期の犬のキモチ」

税込価格 998 円

ISBN978-4-8401-3541-2

反抗期あり、多頭飼いの悩みもあり。
飼い主修行は大変です。

カバー・本文デザイン　中井有紀子（SOBEIGE GRAPHIC）
校正　齋木恵津子
編集　加藤玲奈（メディアファクトリー）

柴犬ゴンはおじいちゃん

2012年3月9日 初版第1刷 発行

著　者　　影山直美
発行人　　松田紀子

発行・発売　株式会社メディアファクトリー
〒150-0002 東京都渋谷区渋谷3-3-5
電話　0570-002-001

印刷・製本　図書印刷株式会社

ISBN　978-4-8401-4538-1 C0026